INNOVATIVE
ARCHITECTURE

图解设计思维过程小书库

创新设计攻略

多功能综合体实践

[荷] 西莫斯·瓦姆瓦基迪斯（Simos Vamvakidis）著

滕艺梦 栗茜 译

机械工业出版社
CHINA MACHINE PRESS

STRATEGIES

"图解设计思维过程小书库"引进了时下国外流行的图解类建筑设计工具书，通过轻松明快的编排方式、简单明了的图像以及分门别类的主题，使读者可以在床头案边随时翻阅，激发灵感，常读常新。

本书包含9个时下大热的多功能综合体设计攻略，通过详细的分析图、计算机辅助图像、实体或数字模型的表现手法，结合建成和未建成的设计案例，介绍了多功能综合体从理念到实践的创新之路。设计攻略的形式、功能和设计意图各有不同，但它们的共同点则在于通过多功能综合体，来融合公共和私密空间。

本书是一本针对中高年级学生的建筑设计专业工具书，同时也可作为建筑设计师及建筑教学工作者充实自己职业和教学方法的设计思维和技巧指南。当然，鉴于本书所涵盖的关于城市生活的创新理念及其简洁直白的形式，并以世界知名建筑作为案例，任何对建筑和城市设计感兴趣的读者，都可作为参考。

Innovative Architecture Strategies by Simos Vamvakidis/ISBN 9789063694562

This title is published in China by China Machine Press with license from BIS Publishers. This edition is authorized for sale in China only, excluding Hong Kong SAR, Macao SAR and Taiwan. Unauthorized export of this edition is a violation of the Copyright Act. Violation of this Law is subject to Civil and Criminal Penalties.

本书由BIS Publishers授权机械工业出版社在中华人民共和国境内（不包括香港、澳门特别行政区及台湾地区）出版与发行。未经许可之出口，视为违反著作权法，将受法律之制裁。

北京市版权局著作权合同登记 图字：01-2018-4810号。

图书在版编目（明）数据

创新设计攻略：多功能综合体实践/（荷）西莫斯·瓦姆瓦基迪斯（Simos Vamvakidis）著；滕艺梦，栗茜译.—北京：机械工业出版社，2019.12（2022.1重印）（图解设计思维过程小书库）

书名原文：Innovative Architecture Strategies

ISBN 978-7-111-63964-0

Ⅰ.①创… Ⅱ.①西…②滕…③栗… Ⅲ.①城市规划—建筑设计—研究 Ⅳ.①TU984

中国版本图书馆CIP数据核字（2019）第224720号

机械工业出版社（北京市百万庄大街22号 邮政编码100037）
策划编辑：时 颂 责任编辑：时 颂
责任校对：乔荣荣 封面设计：栗 茜
责任印制：孙 炜
北京利丰雅高长城印刷有限公司印刷
2022年1月第1版第4次印刷
130mm×184mm·5.125印张·2插页·93千字
标准书号：ISBN 978-7-111-63964-0
定价：39.00元

电话服务　　　　　　　网络服务
客服电话：010-88361066　机 工 官 网：www.cmpbook.com
　　　　　010-88379833　机 工 官 博：weibo.com/cmp1952
　　　　　010-68326294　金 书 网：www.golden-book.com
封底无防伪标均为盗版　机工教育服务网：www.cmpedu.com

专家寄语

建筑设计是一种多维链接的系统思维，其过程很难表述为规定性的标准程序。然而在复杂的过程中，有时一个形象或是一幅图解就能给予启发，激活整个思维。这套"图解设计思维过程小书库"呈现了类型丰富的作品案例和简明准确的图示解析，面向操作，可读性强，是建筑专业学生不可多得的工具性参考书，也可以作为执业建筑师的点子和方法宝库。

——张彤，东南大学建筑学院院长

此套小书库有助于理解建筑创作的逻辑规律，有助于建立起理性思维习惯，有助于激发创造力。

——曹亮功，北京淡士伦建筑设计有限公司总建筑师，
全国高等学校建筑学专业教育评估委员会第三第四第五届副主任委员

建筑设计是空间的创造与表达。图解思维可启迪设计灵感，是空间基础训练最有效的方法，对提高设计水平是有益的。

——吴永发，苏州大学建筑学院院长

图示表达为建筑设计的根本语言，图示思维是建筑创作的基本方法。愿此书为您打开理解建筑的大门，打通营造环境的途径！

——王绍森，厦门大学建筑与土木工程学院院长

"图解设计思维过程小书库"以轻松明晰的风格讲述建筑学及建筑设计的方法。"授之以渔"永远比"授之以鱼"重要，此书可以帮助建筑学的学子透过建筑图片表象，了解图片背后的生产逻辑、原因和路径。

——何崴，中央美术学院建筑学院教授

丛书序

　　自二十世纪初，德国包豪斯、苏联呼捷玛斯开始现代主义建筑空间造型理论与教育方法的研究，已过去整整一百年了。百年前的先贤们奠定的空间造型理论与方法被广为传播，在世界各地开花结果，成为百年来现代主义建筑创作的重要基础，也是工业革命以来现代建筑发生发展的重要依据。不仅仅是这些创作理论与方法的贡献，包豪斯与呼捷玛斯一起也在设计空间构成与造型教育方向成果颇丰，成为现代建筑教育重要的指南和基石。

　　基于这样的教育思想和训练方法，世界各国大学的建筑空间造型训练与教育虽不尽相同，但大体思想却出奇一致，那就是遵循现代主义建筑的结构技术体系、造型方法体系、现代材料的逻辑体系，形成整体的空间造型训练。但正如文学语言的构成需要字词句等基础元素，建筑教育界却在建筑造型的基础语言元素体系方面训练较少，缺少必要的方法和理论。初学者缺乏必要的基础元素训练，欠缺较完整的基础空间构成体系的训练，甚为遗憾。

　　2011 年，荷兰 BIS 出版社寄赠予一套丛书，展示了欧洲这方面的最新研究成果，弥补了这方面的遗憾，甚为欣慰。此套丛书从建筑元素设计、建筑空间结构与组织、多功能综合体实践等各个方面，将建筑基础元素与空间建构的关系进行了完美的解答，既有理论和实例，又有设计训练方法，瞄准创意与操作，为现代建筑教育训练提供了实实在在的方法，是一套建筑初步空间构成探索与训练的优秀作品。

《建筑元素设计：空间体量操作入门》一书，开创性地将抽象方法联系到更为实际的建筑元素中，力图产生一套更为系统和清晰的建筑生成逻辑，强调体量操作中引入各种建筑元素，激发进一步研究和探索元素设计的可能性，三个建筑元素的选择：垂直交通、开洞和场地，将空间与体验相联系。

《建筑造型速成指南：创意、操作和实例》一书，是作者与建筑师在教学与建筑实践方面十余年的合作成果。通过重复使用和组合简单的建筑元素来解决复杂的空间要求，对于循序渐进地提高学生创意能力帮助巨大。

《建筑折叠：空间、结构和组织图解》一书，将折纸作为一种训练手段，探讨充满体量感的设计创意的可能性挑战，注重评估折纸过程中的每一个步骤，激发创造力，追求建筑设计中的理性与空间逻辑，形成了独特的训练方法。

《创新设计攻略：多功能综合体实践》一书，通过多功能建筑综合体来探讨结合私密空间和公共空间的非传统和实验性的方法。通过复杂功能的理性划分，探讨公共空间的多种策略，通过分析、计算机空间模拟、实体以及数字模型多种方法达到训练目标。

四本书各有特点，每本都从最基本的建筑造型元素出发，探讨空间造型与训练方法，并将此方法潜移默化于空间的创造之中，激发学生的灵感。

谨代表中国的建筑学专业教师与学生一起感谢机械工业出版社独具慧眼，引进了一套非常有价值的教学训练丛书。

韩林飞

米兰理工大学建筑学院教授、莫斯科建筑学院教授、

北京交通大学建筑与艺术学院教授

前　言

当代多功能综合体项目，往往因其尺度之巨大，以及改变整个街区和城市地段面貌的能力，而备受各种建筑杂志和网站的青睐。许多世界知名的建筑事务所都对这一领域有所涉猎；几乎所有建筑学院也会将多功能综合体设计项目列为本科或研究生的课程之一。

本书将展示一系列当代多样且创新的设计攻略，其形式、功能和设计意图亦各有不同。这些项目的共同点是通过多功能综合体来探讨结合私密空间和公共空间的非传统或实验性的方法。

本书是针对中高年级学生的工具书。它也可以作为应届毕业生、建筑师、规划师、学术工作者们用以充实自己职业和教学方法的一本设计思维和技巧指南。当然，鉴于本书所涵盖的关于城市生活的创新理念及其简洁直白的展示形式，并以世界知名建筑作为案例，任何一位对建筑和城市设计感

图1
伦敦碎片大厦
伦佐·皮亚诺
建筑工作室

兴趣的人，都可以之为参考。

　　每年全球都有大量的多功能综合体拔地而起，因此其创新性也就越发重要了。如此迅猛的城市发展，正在全球范围内重塑城市，并定义我们在大城市中心的生活方式。

　　我们目前正在经历的技术革新，已经影响到了生活的方方面面。当代迅猛的技术进步，正如同它刚来到时一样令人目不暇接。城市生活永远无法避开快速技术革新的影响，例如逐渐缩小的本地市场和街区、我们上班的通勤方式，以及通过社交网络来社交、购物和约会。

　　如今网络信息和媒体已经与真实的生活、工作和公共空间密不可分了。对于这样的新现象，可以从建筑的角度来更深入地探究一番。

　　综上所述，本书将着重讲解多功能综合体项目中，通过复杂功能划分来融合公共和私密空间的多种设计策略，以此作为一种创新的、社会和经济可持续发展的方式来应对上述问题。

　　本书旨在帮助学生了解一些不同的设计方法，帮助他们应对本科或研究生期间针对多功能综合体的设计课程；也可以用作执业者和教育者的简易参考和指南。

本书展示了一种分析式的、明确易懂的方法，即通过分析图、图纸、计算机辅助图像、实体或数字模型来概括、解释和表现多功能综合体项目。同时，也结合了建成和未建成的项目来作为建筑和城市设计的案例。

每一个项目都因其不同的外形、功能、技术和设计概念而被选中，作为非常直观的案例来展现其所属的项目类型。

抽象的建筑概念（例如戏剧性）与现实生活中的设计问题（例如改造城市剩余空间）以及折叠、变形和聚合等设计技巧相结合。

本书共9章，分别展现这些不同的设计方法。每章将从解释方法背后的主要概念开始，并配以一个建成的项目案例作为参考。其后会介绍一个更具有实验性质的未建成设计竞赛或学生作业，其中包含一系列分析图、文字、图纸和视觉表现。

　　由于多功能综合体的设计方法还未能收录在现有的建筑设计教材中，因此本书将成为设计师、教师、学生以及大众的一个非常有用的设计工具。

图2　法里龙港新地标国际竞赛获奖作品　SV工作室

目　录

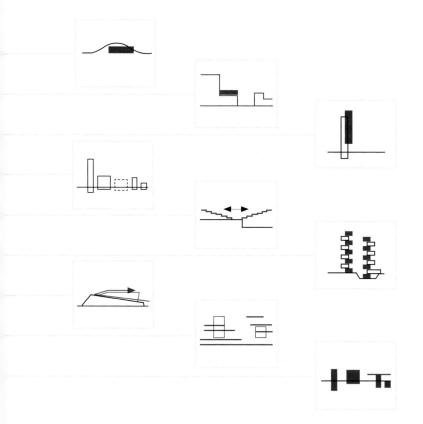

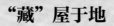

"藏"屋于地

"Hiding" programme under the land

一系列当代建筑案例都运用了将功能"隐藏"于景观之下的概念，以此来尽可能减少开发对场地，尤其是对密集城市地块的美学和功能的影响。

　　同样的设计方法也适用于未开发的自然场地：将因地制宜的地域性设计融入自然环境，而非与之作对。一些小尺度建成项目案例如葡萄牙建筑师**索托·德·莫拉**设计的、位于莫莱杜和巴扬的那些消融于景观之中的小住宅。

　　显然，建筑师们也开始在大尺度建筑项目中运用这种手法，例如由**伦佐·皮亚诺**建筑工作室设计的、位于希腊雅典的**斯塔沃斯·纳克索斯**（Stavros Niarchos）基金文化中心。这座包含了国家歌剧院和国家图书馆的文化中心，所有的功能都"藏"在一个覆盖广袤植被的新公园之下。只有从侧立面才能看出建筑的体量，而其他方向都被景观所掩盖。

　　本章旨在阐述将以上设计手法运用到城市及其周边项目时的设计原则。

建成项目案例
斯塔沃斯·纳克索斯基金文化中心

建筑师：伦佐·皮亚诺建筑工作室
地　点：雅典，法里昂湾
客　户：斯塔沃斯·纳克索斯基金会

设计时间：2008年
建成时间：2016年

这座建筑位于雅典海滨，步行即可到达海边。卡里塞亚的密集城区戛然而止之处，便是这座建筑 - 公园综合体映入眼帘之时。场地和大海原本在实际和视觉上均被一条平行于海岸的街道隔断，直到最近才有所改变。

设计概念十分新颖大胆：建筑的主要功能，即国家歌剧院和国家图书馆，均隐藏于人造景观之下，而其上的屋顶则形成了一个向前延伸的绿地公园。

参观者被引导着走上一个无障碍缓坡道，直通顶部的观景台和展览中心。

与此同时，前方一望无际的海景慢慢显现，而回头，便是雅典中心的卫城山景。

通过一个长方形的景观湖，大海被自然地衔接到了设计场景里。公园也连接到一条崭新而宽阔的滨海步道，以供人散步或骑行来往于海边。

整个建筑都隐藏于景观之下，唯独面湖的立面能够展示出建筑的整体。

设计案例："岛屿" ● ● ● ●

竞赛名称： 法里龙港新地标国际竞赛
主 办 方： 希腊环境部
参 赛 方： SV工作室（第四名）

　　场地和由**伦佐·皮亚诺**建筑工作室设计的新希腊国家图书馆和国家歌剧院（下图 A 区）位于同一个区域。此次的竞赛要求是在雅典法里龙港的一个码头终点处（下图 B 区）设计一座地标性建筑。

　　国家歌剧院综合体几乎覆盖在一个大型绿地公园之下，其错落有致的小山坡景观延伸至海岸，直至法里龙港湾的尽头。

功能

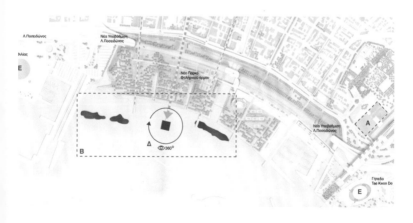

现有的防波堤　　设计的"小山"

区域内现有的壳状地标构筑物

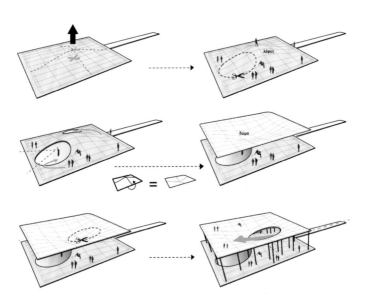

计算机模型生成步骤

将功能"隐藏"在景观之下的想法,加之以场地周围各种人造和自然的元素,例如现有的壳状地标构筑物和即将建于场地附近的小型防波堤,都指向了一个与其盖楼、不如"造山"或"建岛"的设计。

设计的"小山",将如公园内其他山坡一样供游客使用,以各种不同的坡度提供散步和坐卧的场地。

山上圆形的开口将人流引入可观爱琴海海景的餐厅和咖啡馆,同时又为顾客遮挡住夏日的烈阳。

随后,山形沿水平方向镜像翻转,形成构筑物的屋顶。

另一个圆形开口,将沿着码头的城市轴线直通入拥有露天剧场和观景台的顶层室外空间。

小山和屋顶空间都可以举办多种临时活动,例如演唱会、公共活动和舞台剧。

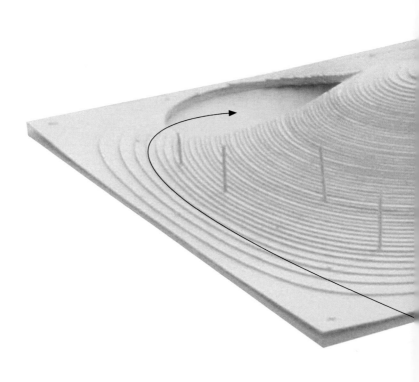

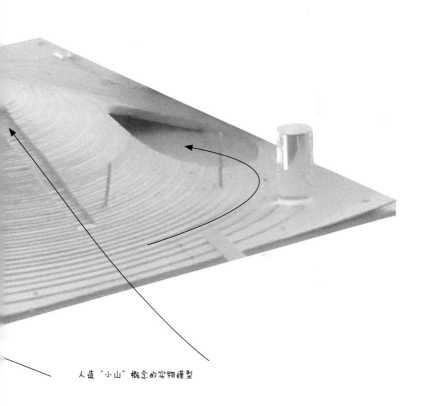

人造"小山"概念的实物模型

功能 ● ● ● ●

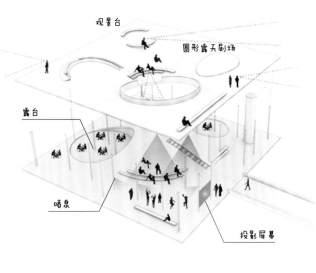

观景台

圆形露天剧场

露台

喷泉

投影屏幕

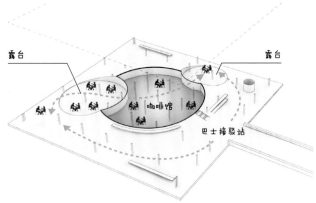

露台

露台

咖啡馆

巴士接驳站

混合公共空间和私密空间的分析图

小山上所有的圆形开口保证了餐厅白天的通风和采光，而它们南北的朝向则确保了室内不被强烈的希腊夏阳直射。

可下拉的投影屏幕、喷泉和山坡滑梯给人们提供了不同的休闲空间。

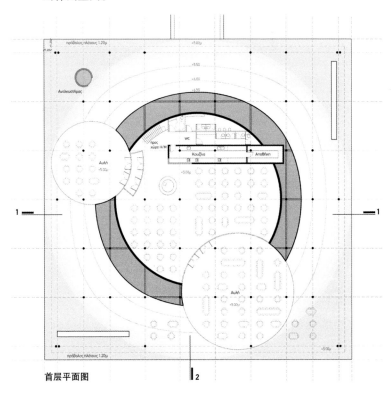

首层平面图

12

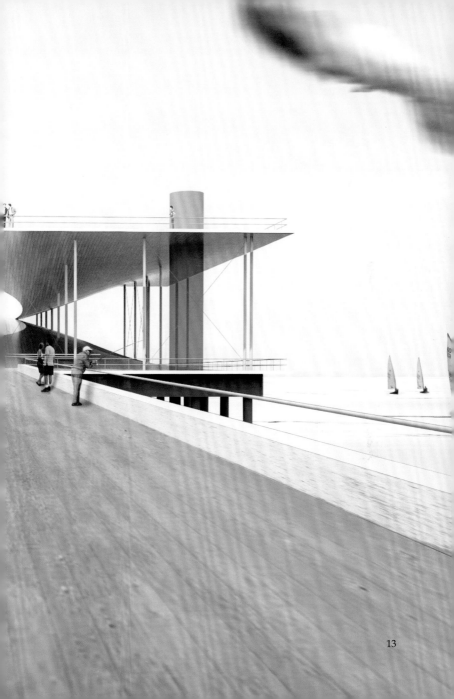

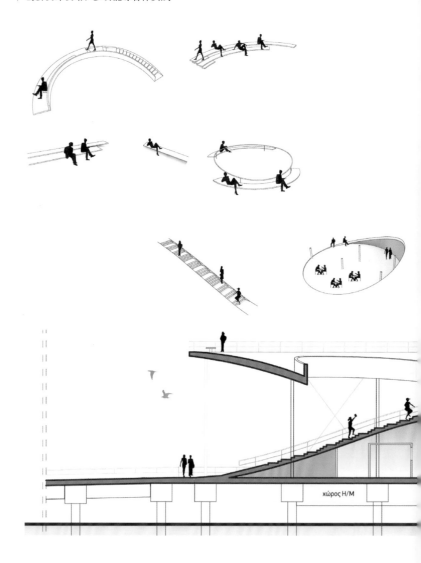

微地形建筑要素，例如线性和弧形的楼梯、悬浮或"生长"在山坡和屋顶上的长椅，不仅丰富了路径，也使得人们在这处人造景观中可以畅通无阻的活动。

它们的形体呼应了山坡和屋顶的设计语言：简洁的弧线和直线。

同时也为设计引入人的尺度。

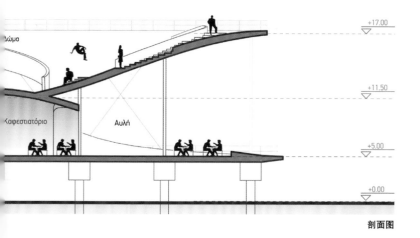

剖面图

16

　　屋顶通过微地形和元素，例如座位、楼梯和长椅，被组织成了更为细致的空间。这样的小尺度，使得屋顶空间同时可以作为露天剧场，主舞台位于屋顶的中心，也是山的顶端。

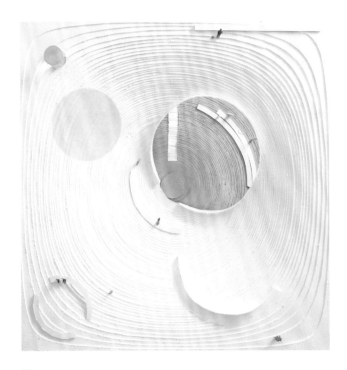

城市回收
Reclaiming leftover urban spaces

现如今，无数新建筑带来的极速城市扩张，引出了一个越发显而易见的问题，即这些全新的项目，对于城市的社会、经济和环境可持续性发展是否真的有必要。

尤其在有着充足的现存建筑和公共空间的欧洲，从新古典主义的住宅到现代主义和新艺术主义的街区，均可以进行翻新改造，而非成片地拆除，从而节约资金和原料。

与此同时，城市肌理中许多废弃的建筑和剩余空间，因种种规划和复杂产权问题而被弃之不用。其中一个例子，便是被人们逐步占据了的柏林坦佩尔霍夫机场。

近年来这一问题越发明显，因此更多的设计公司也愿意参与进来，通过结合设计、建筑保护和城市规划的方法来探索解决方案。

建成项目案例
不寻常的足球场

建筑师：泰国AP思考空间
地　点：泰国，曼谷，不同区域
客　户：泰国AP集团

设计时间：2016年
建成时间：2016年

　　AP集团的这个不寻常的足球场，是由AP思考空间设计，运用公司住宅设计方面的优势和专业知识回馈社会的一个项目。

　　在对曼谷孔堤社区进行调查后，AP思考空间决定将其中的废弃地块改造成有利于整个社区的公共空间。项目的成果是一系列不规则"L"形或"之"字形的足球场，它们证明了足球场并不受限于规整的矩形。这是世界上首个通过不同创意视角克服传统空间限制的设计方案，同时也挑战了AP集团的设计理念。它创造了一个对全体社区居民"有价值的生活空间"。由于其独特的设计创新性，《时代周刊》也对它进行了报道和称赞。

　　AP思考空间称："在一次年度内部讨论中，我们聊到了如何利用我们的空间设计专长回馈社会，帮助人们过得更好。我们最终决定，在孔堤社区选取无人看管或废弃的区域进行设计，变废为宝，服务居民。"

设计案例：雅典新宪章 ● ● ● ●

竞 赛 名 称： X4雅典国家青年建筑师竞赛
主　办　方： 希腊环境部
参赛建筑师： 来自AREA（雅典建筑研究）的斯塔莉阿尼·达欧提、
　　　　　　　吉欧哥斯·米丘里阿斯、米克里昂·拉夫托波罗斯（五
　　　　　　　个同等奖之一）

　　"雅典新宪章"这个竞赛要求参赛者自选一个雅典欠发达地块，并整合其中四个城市街区。

　　这个新型超级城市街区形成了一个新颖的公共空间形式，即从前两条街的交叉路口变成了一个更大城市单元的内部空间。这样的空间形式，可以在城市范围内反复利用，从而解决城市过密和缺乏绿地的问题。

　　与《雅典宪章》等现代规划宣言的僵化形成鲜明对比的是，"雅典新宪章"提出了一组高度灵活的空间策略，既可永久、又可临时，同时具有可逆性。

　　我们并不把城市视作一张空白画布，或一个静止的图像，而是一座随时上演都市戏剧的三维空间。

　　因此，这个方案尽量避免陷入视觉图像设计的范畴，而是提供了一系列可以被居民、决策者和设计师们使用的工具，强调城市现有肌理的异质性和社会层次。"雅典新宪章"更重视的是公众参与度，而不是某个具体项目。

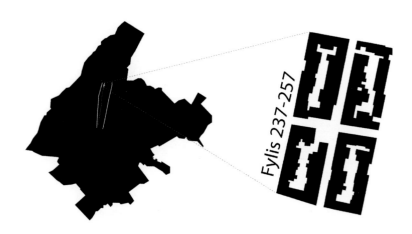

上图和右图：
交叉路口和四个街区

功能 ● ● ● ●

城市规划的策略包含三个空间层级——点、线和面，其中每一层级的规划都沿着一系列与社会和经济影响相关的选择展开。短期工程能够在数日之内以最低成本实施，长期投资则需要战略性资金的支持。

向新城市街区迈进的第一步，也是最重要的一步，是一个被称为"信息点"（Info Point）的轻质结构，它占据了城市改造的核心区域。起先，"信息点"起到通知居民社区临时性活动日程的作用，例如临时将机动车道改为街道集市，而当公共空间逐步优化之后，它即成为展现社区新形象的名片。

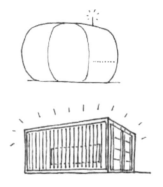

"雅典新宪章"选取了四个街区，并强化了各自的特色。

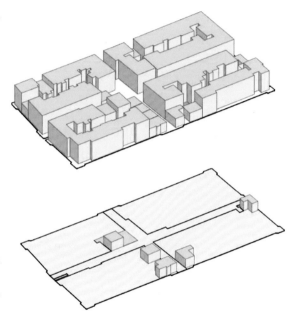

城市肌理的多样性非常重要：像列入文物保护名单的历史建筑非常有价值，因此需要逐一处理。

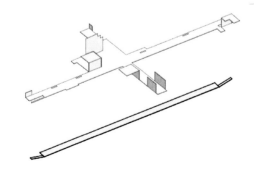

所有空地，无论是水平的还是纵向的，都作为新超级街区公共空间的延伸。地下停车场则使得超级街区足够现代化，并使得所有基础设施都具有可达性。

上图：
从临时性到永久性的空间示意图（从左至右）
垂直方向分成面、点和线的三大类（由上至下）

根据城市交通设施勾画的四个街区之间的初始"十字路口"

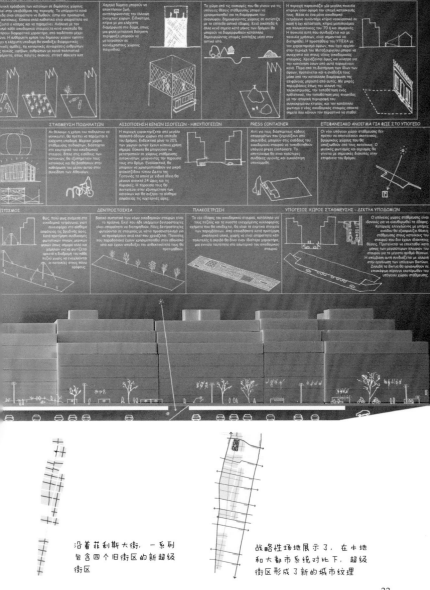

沿着菲利斯大街, 一系列
包含四个旧街区的新超级
街区

战略性场地展示了, 在本地
和大都市系统对比下, 超级
街区形成了新的城市纹理

33

这些举措也是为了让居民直接感受到社区的改变，并使他们参与到设计过程之中。随后和居民的互动，也产生了一系列重要空间，例如停车场、社区花园和运动场所，它们既适应不同场地的特色，又满足不同社会阶层的特定需要。

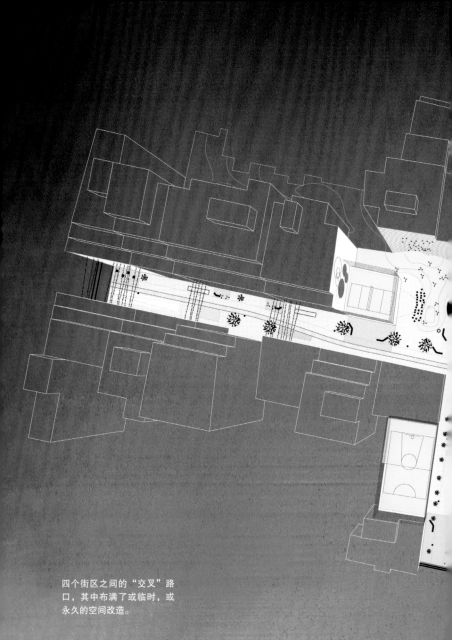

四个街区之间的"交叉"路
口，其中布满了或临时，或
永久的空间改造。

建筑寄生

Attaching to existing structures

自 1982 年以来，米歇尔·塞尔等知名哲学家，就探讨过寄生理论。他称，人与人的关系和生物界寄生物与宿主之间的关系是相同的。弱势群体可以通过寄生的方式获得话语权。同样的概念，也可以运用到建筑学之中。

寄生建筑可以被定义为一种适应性强、周期短和可开发的建筑形式，它通过与宿主建筑发生强制联系而完善自身。寄生建筑必须通过吸收宿主建筑的剩余能量而维持自身的存在。

建筑寄生作为一种回收或接管城市剩余空间和废弃建筑的方式，已成为值得讨论的大胆设计概念。它也可以增加现有或废弃建筑的价值，或引起大众关注并提高公共利益。

建成案例包括建筑师雅各布和麦克法兰设计的塞纳河上的码头，他们将一幢废弃的大楼改造成为一座充满当代风格的多功能综合体。

建成项目案例
塞纳河上的码头

建筑师：雅各布+麦克法兰建筑师事务所
地　点：巴黎
委托人：Icade G3A/法国国家信托投资局

设计时间：2004年
建成时间：2012年

　　这座建筑最初的设计来自 2004 年由巴黎市政府组织的一次竞赛。它实际上是针对一座建于 1907 年的混凝土码头库房的改造项目,如今摇身一变,成为集法国时装学院、展厅、餐饮、购物和媒体中心于一体的多功能综合体。

　　这个项目最有趣的一点,是建筑师选择保留原有的混凝土结构,并在其上附着了一条长长的、仿佛寄生虫般的绿色形体。

　　这个由玻璃包裹的钢管结构被置于面向塞纳河的长立面上,成为沿河地界的新地标。其内部是连接不同楼层的水平方向交通流线,一直延伸至屋顶,组织出各种小型的功能空间。

　　雅各布和麦克法兰的设计灵感来源于塞纳河对岸现有的步行街,以及河水自然的律动和流向。

　　新老建筑分别以不同的建筑材料来表现,并以颜色区分。

设计案例："寄生虫"

法迪·哈达德

　　设计概念非常清晰：在一个现有建筑及其前方公共广场上附着寄生建筑元素。

　　自勒·柯布西耶开始，模块化系统便被广泛地使用在现代主义建筑之中，即结构、表皮和交通流线作为三个独立的单元组合成一座建筑。

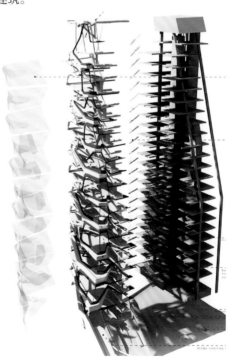

右图：
现有大厦及
其寄生模块

46

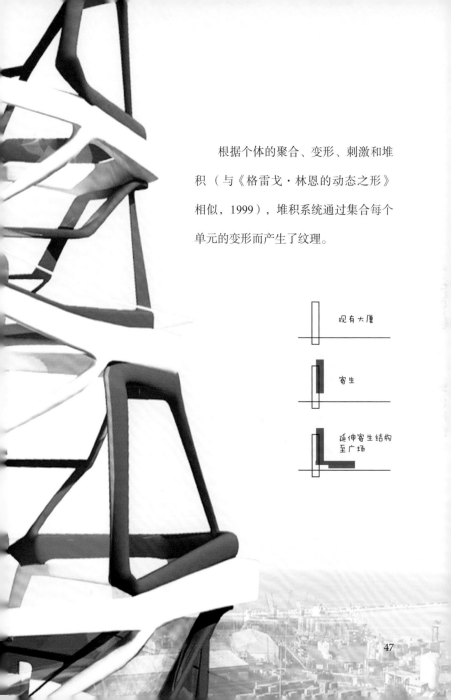

根据个体的聚合、变形、刺激和堆积（与《格雷戈·林恩的动态之形》相似，1999），堆积系统通过集合每个单元的变形而产生了纹理。

现有大厦

寄生

延伸寄生结构至广场

这个项目始于一次对建筑理论的探索（蜂巢思想；寄生；折叠，主体和滴状物），即表皮、结构和交通流线互相交错，在一个系统内工作并互为依存，形成整体。

功能 ● ● ● ●

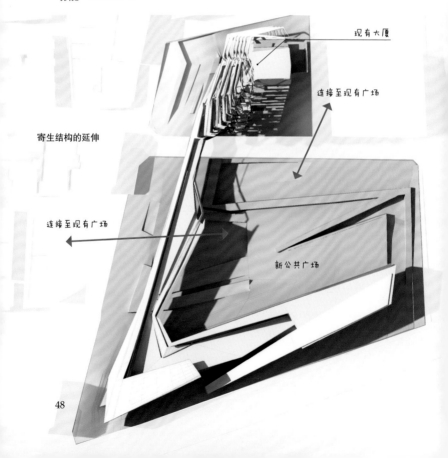

现有大厦

连接至现有广场

寄生结构的延伸

连接至现有广场

新公共广场

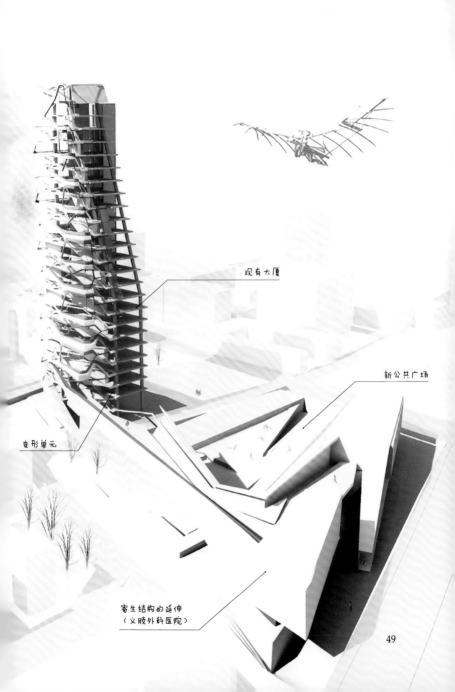

现有大厦

新公共广场

变形单元

寄生结构的延伸
（义肢外科医院）

49

功能 ● ● ● ○ ○　寄生团簇（新医院病房）

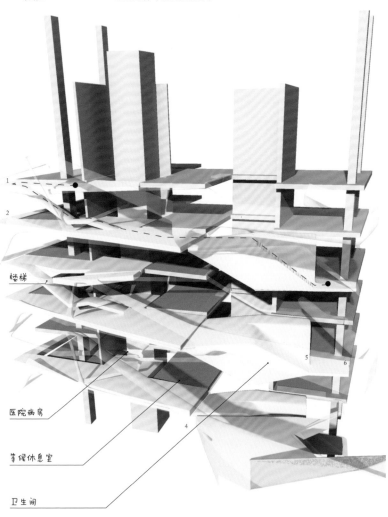

1

2

楼梯

医院病房

等候休息室

卫生间

4

5　6

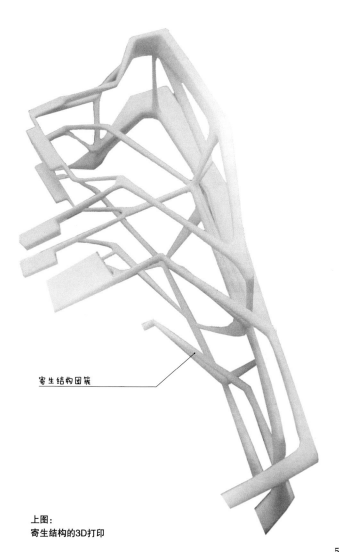

寄生结构团簇

上图：
寄生结构的3D打印

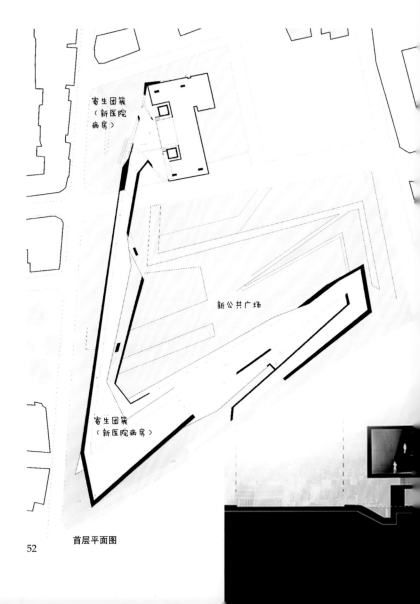

寄生团簇
（新医院
病房）

新公共广场

寄生团簇
（新医院病房）

首层平面图

新建筑衔接在原有大厦之上，就像寄生物与宿主的关系一样，同时它向底层展开，形成一个新公共广场。

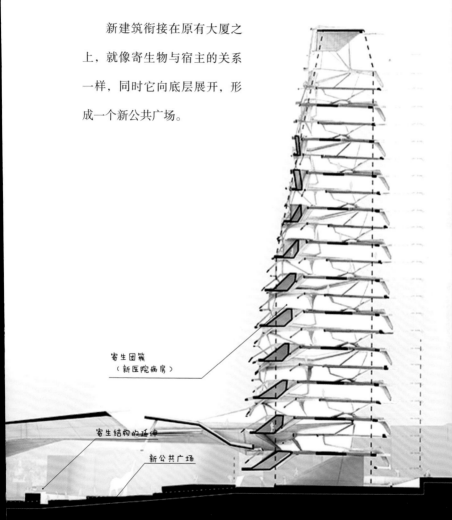

寄生团簇
（新医院病房）

寄生结构的延伸

新公共广场

新公共广场剖面图

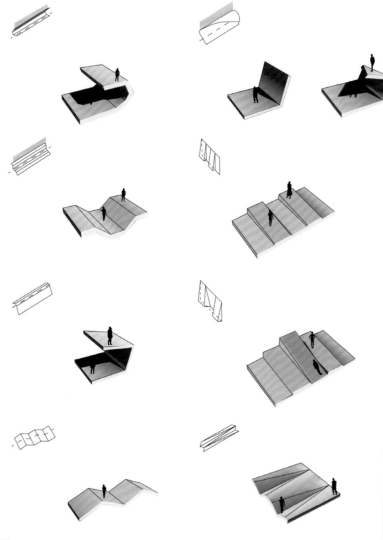

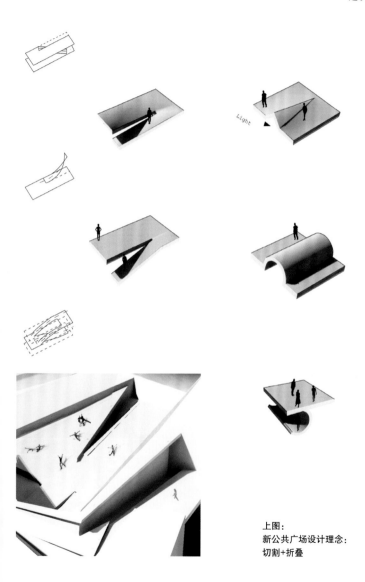

上图:
新公共广场设计理念:
切割+折叠

临时空间

Spaces with temporary use

当代高密度城市中心的许多新开发项目，都面临一个问题，即它们并没有被全天候使用，也没有被尽可能多的不同用户使用，因而造成了这些项目缺乏经济可持续性和社会包容性。

如何解决以上问题，是城市规划最重要的目标之一。其答案可以从世界上许多已有的活力社区找到：露天市集和一些更普遍的、能在每日或每周安排不同活动的空间。这样的临时空间能够吸引不同而多样化的社会群体，其中有些甚至原本不会光临此地。例如，一个公共广场，可以通过一年数次的音乐会而吸引来自远方的游客，从而给当地注入经济和社交上的活力。同样的广场还可以通过举办每周一次的农贸市集，来吸引本地居民并营造社区归属感。临时空间建造起来非常经济，甚至可以简单到仅仅只有一个广场空地；但无论多么简单，设计时都必须尽量考虑包容性和灵活性。

建成项目案例
卢克索露天市集

地　点：埃及，卢克索

全世界各地的露天市集都差不多，从埃及的卢克索露天市集，到大多数地中海，甚至北欧国家的每周一次的农贸市集，它们都充满香味、食物、新鲜农产品、喧闹声、摊贩，以及最为重要的一环——人。

摊贩和顾客创造了一个熔炉，一个供不同社会阶层和年龄群社交的"蜂巢"。像这样自古以来结合起城市和乡村生活节奏的市集，可能从诞生至今都没怎么变过。即使现在这些市集有社交媒体的主页，或是已使用太阳能板来照明，但它们看起来仍然像是城市里自发拼凑出来的集贸市场，热闹有趣。在围绕地中海或更往南的城市，还有讨价还价之类的市井迷人之处。

可能最有趣的部分，是观察小贩们如何布置自己的摊位。这些空间通常会看似杂乱却非常实用。如果新开发的项目能够设计出更多这样的临时空间，会怎么样呢？

设计案例：瞬息 ● ● ● ●

**林恩·莎马蒂
金文·玛奇**

　　项目理念是设计一系列经济上可行、能包容社会各阶层的公共空间。为此，该项目旨在提供可以承办不同临时性活动的空间，例如露天市集、音乐会、夜间露天影院、时装展以及舞蹈表演。

　　街道、建筑、阳台、闭合空间在场地周围形成了一种韵律。这样的韵律与历史、时间和变化无关，而是由"瞬息感"所塑造，即每个建筑都会在某个时刻终结，瞬息是存在过的记忆，也是一个建筑给周边建筑留下的痕迹。

　　从建筑到空间起伏波动的城市网格概念分析图，被转化成为表面起伏的草图模型，进而创造出围合（私密）和露天（公共）的空间。

**右图：
分析图表达了
建筑的临时性**

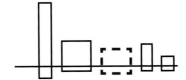

俯视图 前视图

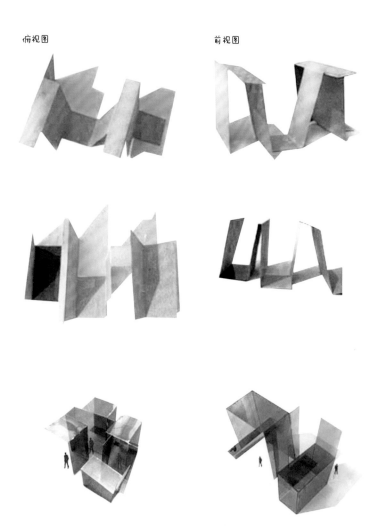

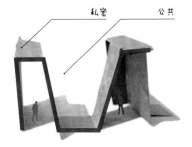

私密　　公共

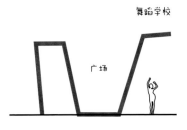

舞蹈学校

广场

左图和上图：
分析图和草图模型——通过
折叠和起伏表面来探讨公共
和私密空间的关系

功能 ● ● ● ●

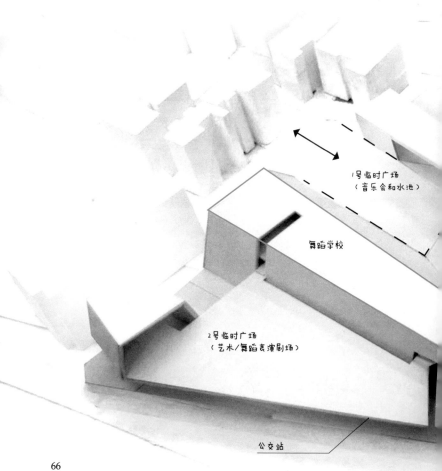

1号临时广场
（音乐会和水池）

舞蹈学校

2号临时广场
（艺术/舞蹈表演剧场）

公交站

一个新的市集依附一面大斜墙而产生，同时也被用作时装学校的露天 T 台。在其中一个入口边，有一个浅塘，为行人和舞蹈学校提供一个舒缓的空间。当有露天表演需要的时候，池塘里的水会被抽干。

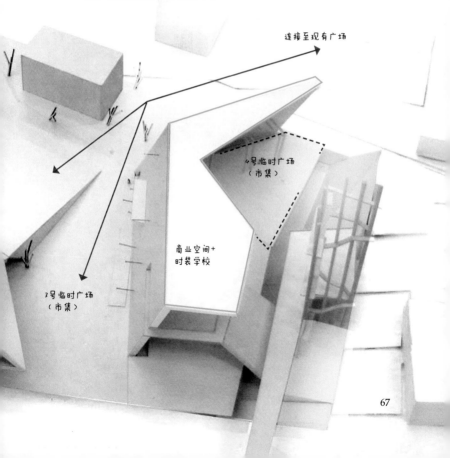

连接至现有广场

4号临时广场
（市集）

商业空间+
时装学校

3号临时广场
（市集）

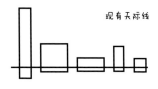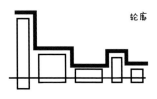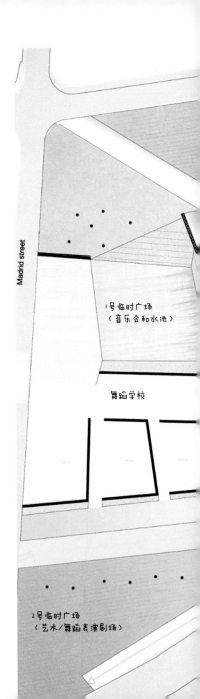

现有天际线

轮廓

构筑物和
空地的关系

Madrid street

1号临时广场
（音乐会和水池）

舞蹈学校

2号临时广场
（艺术/舞蹈表演剧场）

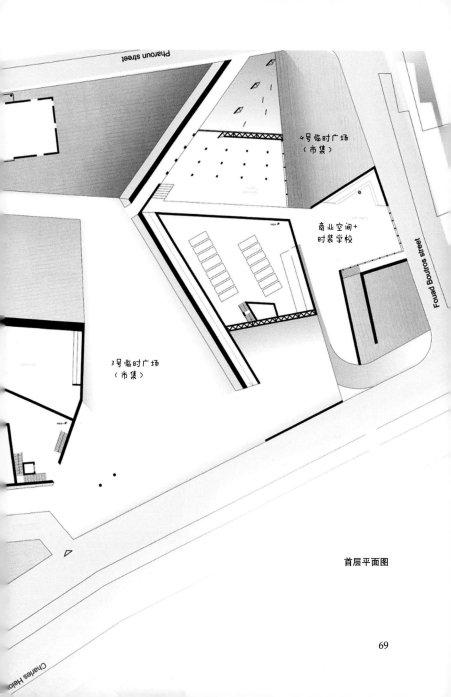

Pharoun street

4号临时广场
（市集）

商业空间+
时装学校

3号临时广场
（市集）

Fouad Boutros street

Charles Helou

首层平面图

1号临时广场
（音乐会和水池）

70

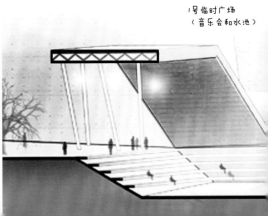

舞蹈学校

剖面图

都市戏剧

Urban "Theatricality"

查尔斯·波德莱尔在诗歌中创造了"浪荡子"的形象，此后，瓦尔特·本雅明对这个"城市漫游者"概念进行了完美诠释，使得他成为20世纪学术圈赫赫有名的学者。受到"城市漫游者"概念的启发，我们可以把城市视作一个舞台，而市民仿佛是在街道中穿行漫步的演员。

本雅明称，这个漫游者在城市的建筑、街巷和林荫大道中穿行，观察现代城市的社会生活，并从中找到了乐趣。波德莱尔诗歌中所说的"浪荡子"，是当代城市生活的信徒，或大或小的角落都值得他一瞧。最终，我们都可以成为这样的城市漫游者，一个好奇的当代城市观察者。

如果我们把设计的空间当作舞台，观察者也作为演员而被他人观察，那么这个市民 - 观察者的概念，则可以继续深入下去。我们认为，可以用"都市戏剧"来描述这般观察和被观察同等重要的空间。

一种加强此体验的方法，是通过景观和倾斜表面来创造视觉和实际的联系。人们穿行于时隐时现的人造景观时，既在观察别人，又在被他人观察。

建成项目案例
挪威国家歌剧院与芭蕾舞剧院

建筑师：斯诺赫塔建筑事务所
地　点：挪威，奥斯陆
客　户：挪威公共建筑局（Statsbygg）

设计时间：2000年
建成时间：2008年

挪威国家歌剧院与芭蕾舞剧院，大概是最受瞩目的当代建筑之一。这可能是自**格雷戈·林恩**在建筑学派里引入德勒兹"折叠"的概念，并被建筑学生们津津乐道后，第一个实现的大尺度项目。

也许一些学生和大众喜爱的是其不同寻常的折叠形式。但当人们踏足于此时，会发现它真正的价值在于建筑和景观的完美融合。这种效果通过折叠的手法来实现，并利用倾斜的平面引导人们一直走向建筑的顶部，最终呈现出城市和峡湾无与伦比的景色。

这个项目给全世界带来了一个新的建筑范式，它进步而创新地为公众提供了一系列可全天候使用的空中户外空间。

与此同时，参观者在人群里看风景，亦成为别人眼里的风景，共同组成了独具动感的画面。

桑德拉·西蒙
努尔·梅兹尔

这个项目的设计灵感，来源于场地高密度社区中现有的视觉联系。相邻公寓的居民可以通过窗户交流。因此，这个社区可以被视作一个舞台。

原本用作分隔室内、室外或公共、私密空间的墙体变得"透明"。戏剧性因此而充满了这处空间：观众也是演员。为了打破公共空间与私密空间的界限，这种互动和交流方式更占优势。

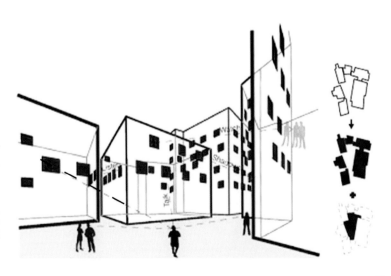

倾斜的表面和墙体，主导了"藏和露"的视觉游戏，室内与室外、私密与公共空间时隐时现。

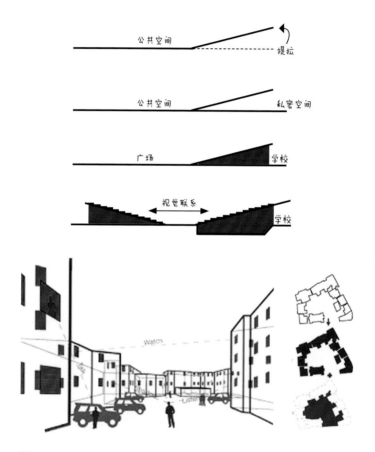

规划新区域，创造新建筑——掀起表面。

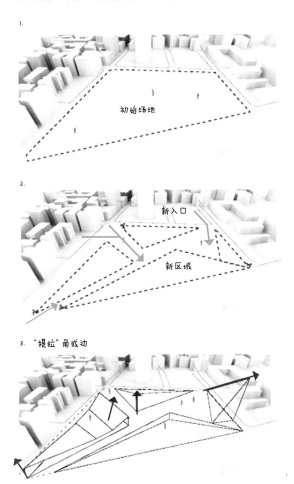

1.

初始场地

2.

新入口

新区域

3. "提拉"角或边

功能 ● ● ● ●

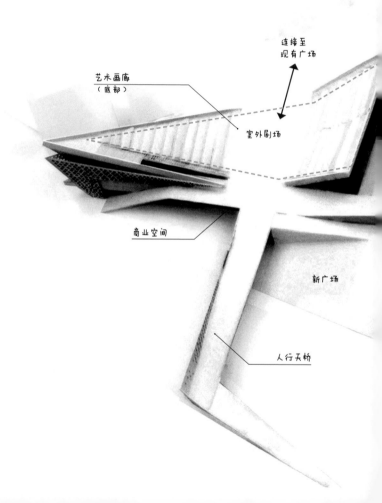

连接至
现有广场

艺术画廊
（底部）

室外剧场

商业空间

新广场

人行天桥

　　结合办公楼、学校、商业空间、艺术画廊和室外剧场等
不同功能空间，就可以保证综合体能够满足当地居民和游客
每周七日的最大化使用需求。新广场同时也将这个综合体与
周边的开敞空间连接起来。

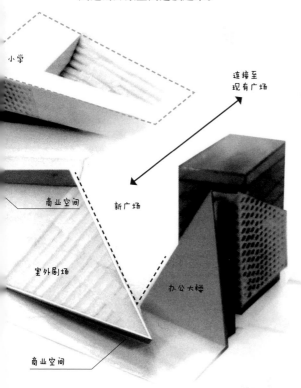

连接至
现有广场

连接至
广场

小学

商业空间

新广场

室外剧场

办公大楼

商业空间

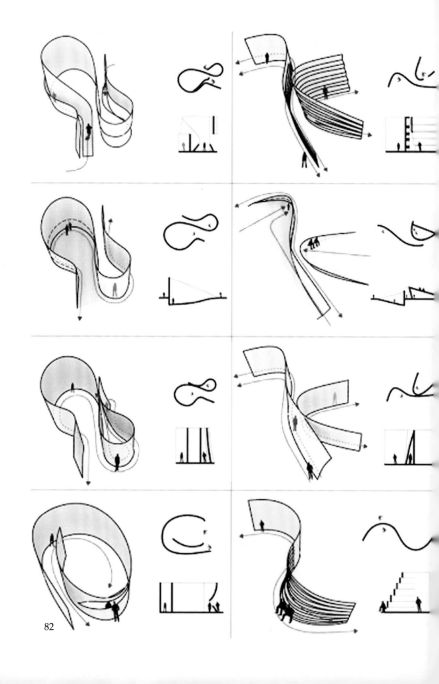

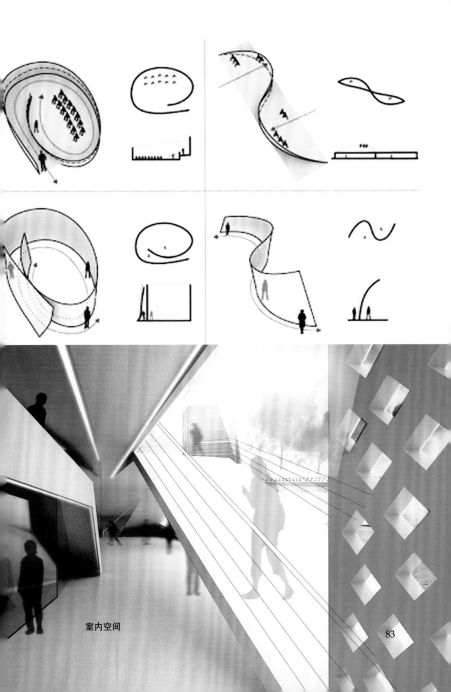

室内空间

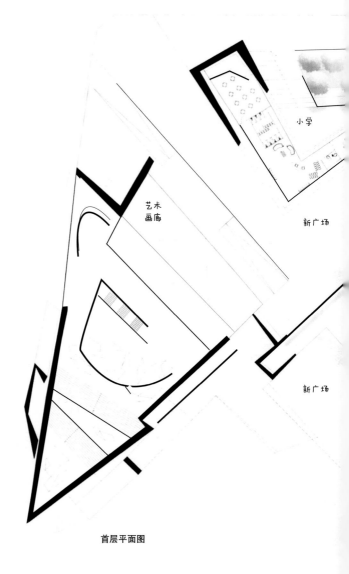

小学

艺术
画廊

新广场

新广场

首层平面图

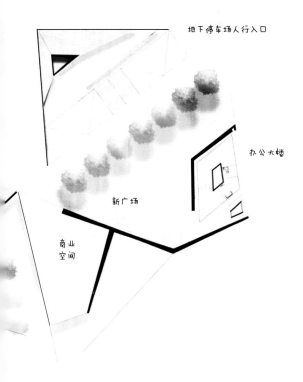

地下停车场人行入口

办公大楼

新广场

商业
空间

人行天桥

　　垂直和倾斜的墙体，时而从地面和倾斜表面上生长出来，时而消减下去，仿佛在与游客玩一个视觉游戏。所有倾斜的表面，或作为室外剧场，或作为不同建筑物的入口，共同形成了非常具有景观性的公共空间。

集装箱再生

Reuse: Containers

集装箱被运用到建筑设计中，至少已有 20 年了。其流行的原因多种多样。从学术层面来说，是因为自现代主义运动以来，模块化深得教育者之心。

与此同时，从造价上来说，如果进行一些适当的处理，即去除原本的涂层并增加隔热层，集装箱就能因其结构牢固而被用作各种空间，可以说是价廉物美，成本要比新建筑低很多。

实际上，把一个使用过的集装箱再运送回原址的成本，比新制造一个还要昂贵。因此在港口，会留下许多闲置的集装箱供人们回收利用。

现如今，"集装箱建筑"方兴未艾的另一个原因在于其灵活性：只要是载货汽车可以到达的地方，就可以运输集装箱。这样便捷的方式，使得集装箱可以根据城市的建筑需求灵活移动，非常环保。

建成项目案例
叠装叠

建筑师：众建筑
地　点：中国，山西，太原，东山
委托人：千渡房地产开发有限公司

设计时间：2015年
建成时间：2015年

　　"叠装叠"项目中的集装箱层叠交错排布,一端形成悬挑结构,为地面提供遮阳的公共空间;一端形成露台,尽展顶层景观。

　　一个7.5米长的悬挑盒子是通往建筑上层屋面的入口,建筑主体毗邻高速公路,向不同方向伸出一个个窗口,张望城市的同时,也展示着内部的一切。视线透过集装箱两端的大玻璃,可以穿过整座建筑。室内,两层交叠之处去除楼板,将空间连通,形成中庭。

　　"叠装叠",作为小型临时展示空间,可以在展览功能结束后拆分和重组,布置在绿地上作为分散的服务设施使用。

设计案例：货物之城 ● ● ● ●

阿比·拉迪·阿布·约瑟夫
保罗·里阿奇

场地面向城市的商业港口。为了使设计可以适应变化的市场需求，我们使用集装箱来提供办公和居住空间。随着当地需求的增长，更多的集装箱可以被快速加盖上去。而当需求减少时，空置的集装箱可以拆除下来。篮球场和室外音乐演出广场等公共空间，将吸引新的租客入住。底层设置的商业空间，不仅能服务社区，也能满足高速公路人群的使用需求。垂直交通核心筒也是模块化的，并同时设有服务整座大楼的MEP（水电风）系统。

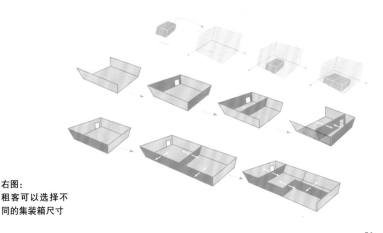

右图：
租客可以选择不同的集装箱尺寸

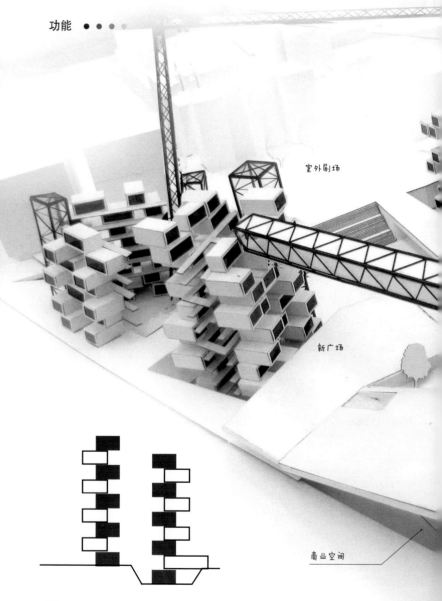

室外剧场

新广场

商业空间

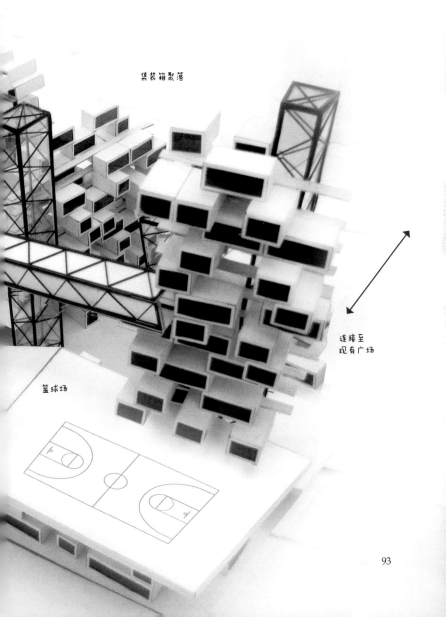

集装箱聚落

连接至
现有广场

篮球场

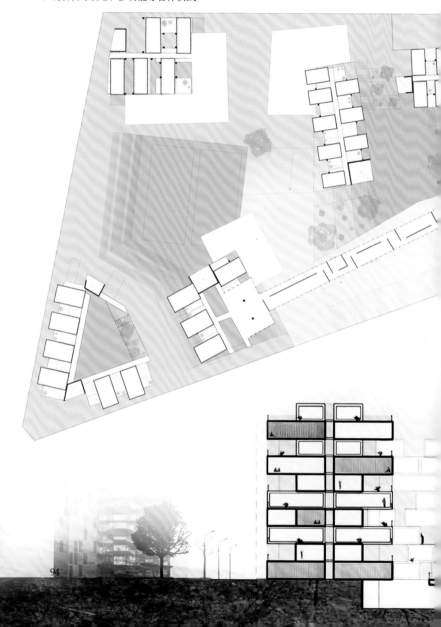

左图：首层平面图
下图：剖面图

96

97

101

楼内穿行

Public pedestrian paths within buidings

试想，如果一个建筑内的交通流线包含了公共的人行道和自行车道，会怎么样？

　　这种每一幢房子都面对着一条公共街道的微型村落形式，可以解读为由典型乡村居住形态到城市环境的转化。

　　这种进阶的村落，创造了一种可步行、可骑行的邻里社区，促进了居民之间的交往。

　　同时，在建筑内部，居民可以通过自己的身体而非视觉进行体验，比如走在坡道上，就如同走在自然的山坡上一样。少有的是——大多数建筑都是单层——这更加强了城市和乡村的混合体验。迄今为止，运用这种手法最为著名的案例可能就是BIG建筑事务所在丹麦哥本哈根设计的"8"字住宅了。

建成项目案例
"8"字住宅

建筑师：BIG建筑事务所

地　点：丹麦，哥本哈根，奥雷斯塔德

委托人：圣·弗雷德里斯克伦德控股公司

设计时间：2006年

建成时间：2009年

"8 字住宅"，位于哥本哈根奥雷斯塔德南部的运河边，可俯瞰卡夫伯德自然保护区的大片空地。这座建筑有 475 间不同大小和户型的公寓，能够满足不同阶段人群的需求：年轻人或者老年人，小家庭或者单身人士，以及在增长或缩减人口的家庭。

领结形状的建筑，创造出两处不同的空间，并由领结的中心——5300 平方英尺（500 平方米）的公共设施所分隔。也正是在此处，一条 30 英尺（9 米）宽的道路穿过整个建筑，连接起周边的两个城市空间，即西部的公园区和东部的海峡区。

该设计没有在不同区域严格划分居住和商业功能，而是将多种功能水平分布。公寓设置在建筑顶端，商业功能占据底部，以便使公寓得以享受充足的日照、清新的空气和良好的视野，而商业空间则完美地融入街道生活。

设计案例：都市步道 ● ● ● ●

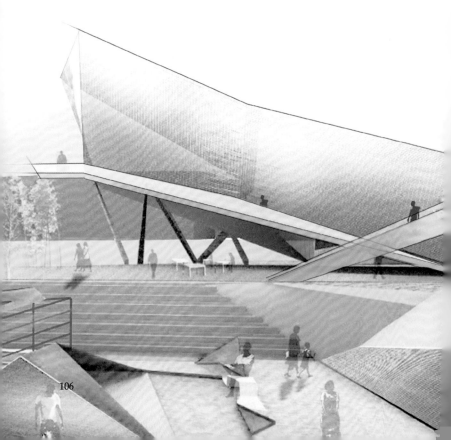

杰森·哈格

桑德拉·库利

莎拉·萨利巴

在黎巴嫩贝鲁特这样的城市里，广场类的公共空间非常少见。最重要的公共区域大概就是滨海大道了，它是位于城市水岸面向地中海的一条步道。这条精心铺装的狭长地带面朝西方，提供了观看海景和日落的绝妙视角。

项目提出设计一条融合公共和私密空间界限的城市步道，灵感来自于贝鲁特那条最热闹、兼容并蓄的成功的公共步道。

所有的新建筑都围绕在一个公共广场和游乐场周围，从办公大楼、商业空间，到展览空间，不同功能被设置其中，由一条公共步道相连。漫步其上，能看到城市和建筑群自身的美景。

所有的原始草图和分析图，都是设计师对于场地最初识的主观解读，随后，这些图纸发展成为三维实体概念模型。这种方法阐明了最为重要的场地条件，并基于此形成最终建筑体量和城市步道的设计方案。

功能 ● ● ● ●

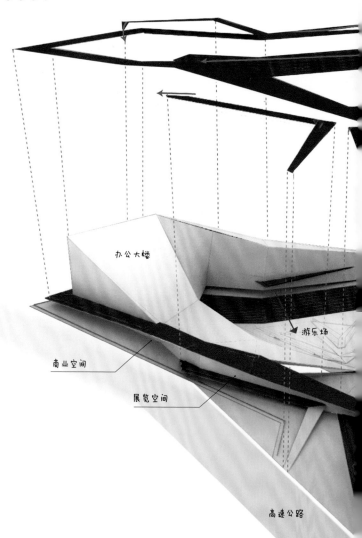

办公大楼

游乐场

商业空间

展览空间

高速公路

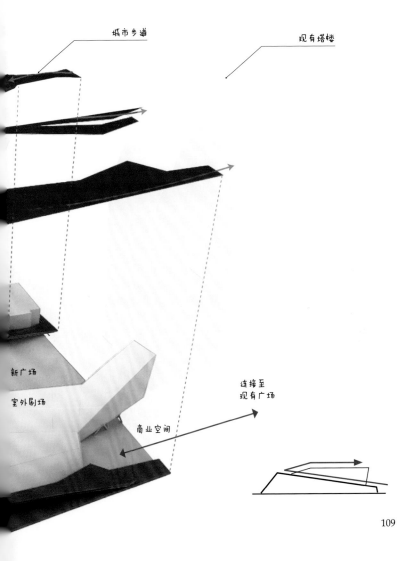

城市步道

现有塔楼

新广场

室外剧场

商业空间

连接至
现有广场

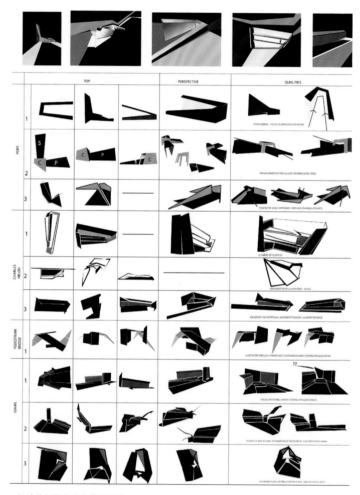

场地分析图和实体草图模型

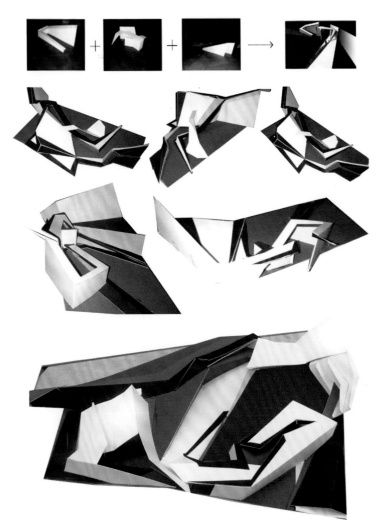

屋顶平面图

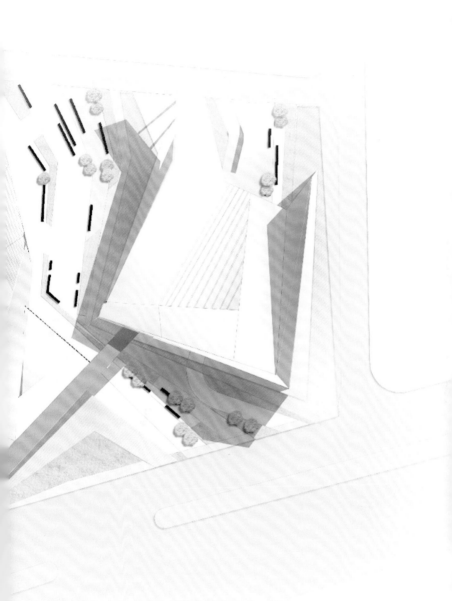

8

屋顶广场
Building roofs as public plazas

在人口密集的城市中心，已经有许多现代建筑使用绿色屋顶作为一种可持续的方法来处理空置、无用和过热的建筑天台。

如果更近一步，把这些绿色屋顶用作公共空间，甚至是广场的一部分，使得它们无论早晚，都能被大众使用呢？

该策略提出了一种综合类型的建筑形式，即通过屋顶和天台的功能，打破公共和私密空间的界限。

其中一个案例是西班牙巴塞罗那圣格瓦西的琼·马拉加尔图书馆，由 BCQ 建筑事务所设计，该项目赢得数个建筑奖项，并被提名 2015 年欧盟大奖——密斯·凡·德·罗当代建筑奖。

建成项目案例
圣格瓦西 – 琼·马拉加尔图书馆

建筑师：BCQ建筑事务所
地 点：西班牙，巴塞罗那，圣格瓦西
委托人：巴塞罗那赛里亚圣格瓦西市议会

设计时间：2007年
建成时间：2014年

图书馆位于花园之下，成为一个充满阳光的庭院：一个由玻璃庭院和室内空间构成的景观。该项目在概念竞赛时提出的主题是"光之庭院"，其概括的两个最重要的概念是：在保持和优化现有花园的基础上，提供愉悦和明亮的建筑空间。

建筑的主入口位于圣格瓦西·德·卡索尔大街。庭院和街道原本的高差自然地提供了进入建筑的通道。另一方面，绿色屋顶与旧花园在同一层，因此在新建的同时，也借此机会彻底整修了原本的市民中心花园。这座建筑由"明静庭"和"书知庭"所组成。明镜庭以玻璃围合，明亮通透，为建筑内部带来新鲜空气的同时，也隔离了街道，确保了阅读空间的宁静。

嵌入地下的设计有助于建筑的温度调节，使建筑保持恒温，以此降低室内取暖或制冷的能源需求。同时，保护花园区域原有的一些树木是该项目最大的挑战之一。

设计案例：天台 ● ● ● ●

伊马德·卡赞

艾维因·霍特伊德

该项目的设计灵感源自于环绕在社区公共楼梯周边的一系列小花园和天台。项目设计了一组公共和私密建筑，其中所有的屋顶平台都面向公众全天候开放。

在高密度的城市中心提供新的公共空间，可以吸引当地以及周边地区的客流。

多样的功能空间，比如日托中心、媒体中心、商业空间、室外音乐和表演广场保证了这个项目的全天候使用需求。

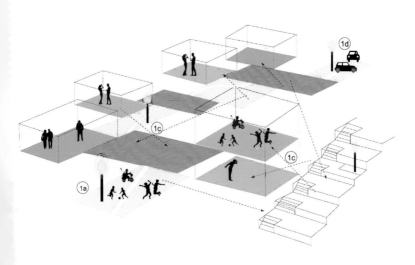

功能 ● ● ● ●

连接至
现有广场

日托中心

新广场

新广场

媒体中心和演讲大厅

人行天桥

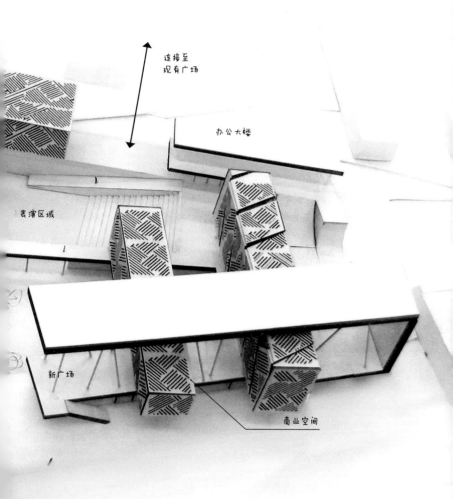

连接至
现有广场

办公大楼

表演区域

新广场

商业空间

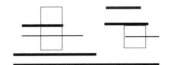

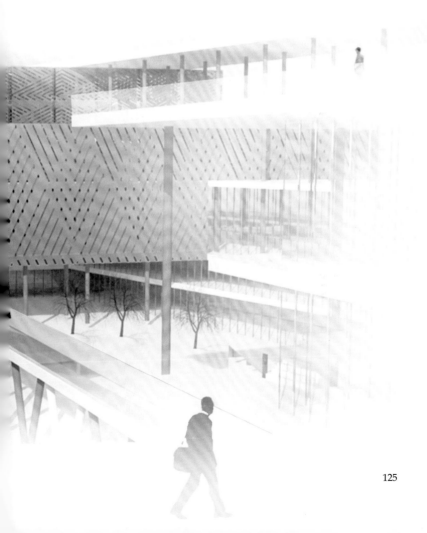

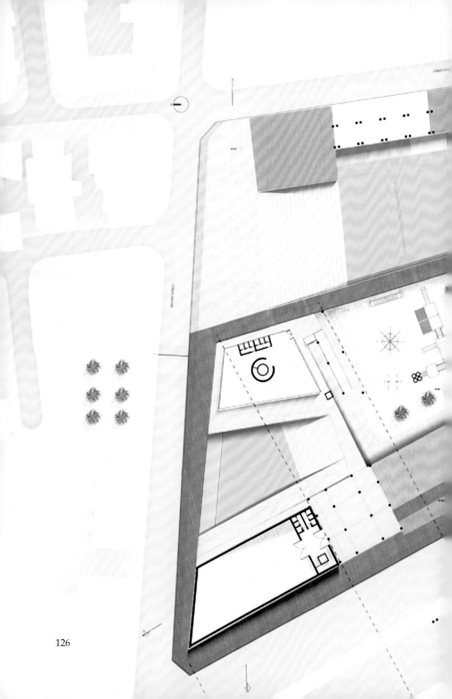

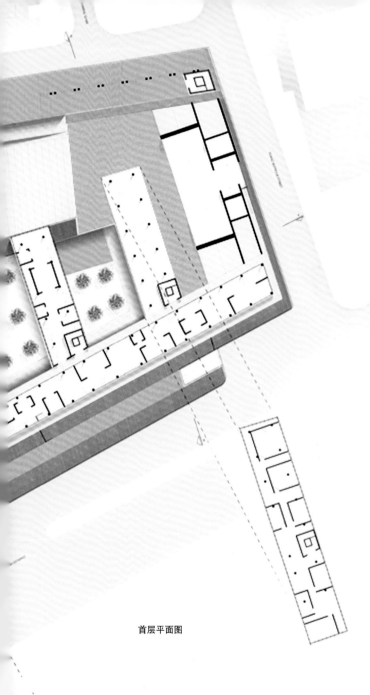

首层平面图

微型城市
Micro cities

为了能全天候地吸引尽量多的顾客，当代多功能综合体往往会组合出不同、甚至意想不到的功能空间，并为城市提供一系列诸如广场和健步道的公共空间。

这些"微型城市"经常会允许公共街道穿行其中，因为与城市的交通网格相连，就意味着它们的内部功能会更加便捷可达。

微型城市的密度和多样性，使它们看起来几乎是一组可以自给自足的群落，不同功能区相辅相成。这些项目将建筑设计和城市规划理念相结合，旨在尽可能地预计和顺应目前以及未来的城市扩张。这种方式的复杂性在于组合、排列和解决那些往往互为对立的概念，例如公共空间和私人用地相互矛盾的问题。

这些项目往往能够吸引当地社区之外的顾客，因此对于本地长远的经济与社会可持续发展非常重要。

建成项目案例
切开的泡沫块/成都来福士广场

建筑师：斯蒂文·霍尔建筑师事务所
地　　点：中国，成都
委托人：凯德置地

设计时间：2007年
建成时间：2012年

与其说是地标性的摩天大楼，这座 300 万平方英尺（约 28 万平方米）的项目更像是创造了一个城市空间。通过切割混凝土框架而得到的精确几何角度，使得建筑形体可以满足周围城市建筑的最小日照值。建筑的结构，是运用白色清水混凝土浇筑出规则的 6 英尺（约 1.8 米）间距框架，配合以减振对角支撑，并在"切口处"安装玻璃。建筑综合体中心围合出的大型公共空间被构造成三座"河谷"，设计灵感则来自于杜甫的诗句"支离东北风尘际，漂泊西南天地间，三峡楼台淹日月，五溪衣服共云山"。三个广场上的流水花园以时间观念为基础，分别寓意中国的年、月、日。同时，这三个水池也作为楼下六层高的购物中心的天窗。

要在如此巨大的城市体块中注入人的尺度，用到的是"微型城市生活体"的理念：楼底可双开门的商店，既向外朝向街道，又向内朝向购物中心。高楼的体量里被雕刻出三个巨大的开口，分别是斯蒂文·霍尔建筑师事务所设计的历史馆，利伯乌斯·伍兹设计的光之馆，和中国雕塑家韩美林设计的本土艺术馆。这座被切割的多孔街区，通过 468 个地热井来保证恒温，广场中巨大的池塘可回收雨水，与此同时，天然的草地和睡莲可以帮助实现自然降温。

设计案例：三联体 ● ● ● ●

梅·哈利夫

穆罕穆德·贝里

设计需要重视场地。在每个设计开始之前，都应该先对该场地的过去、现在和未来进行完整的调研和分析。该项目旨在结合场地现有的三个特征和元素：年轻的创意人群、依赖汽车的当地人以及每周一次的农贸市集。通过设计，这些元素被转换成为一个艺术和音乐学校，一条穿过场地的低车流商业街，以及一个每日内容不同的街边市集。

以上种种功能，都由体育馆、户外迷你足球场、公共广场和学生公寓所支撑。公共广场上的露天圆形剧场可以承办如话剧、电影和音乐会等不同的活动。如此综合的设计，使其成为日夜不歇的城中城。露天市集围绕着新建筑，形成了一个连贯的建筑表达。

右图：
三元素：
市集–街道–建筑

功能 ● ● ● ●

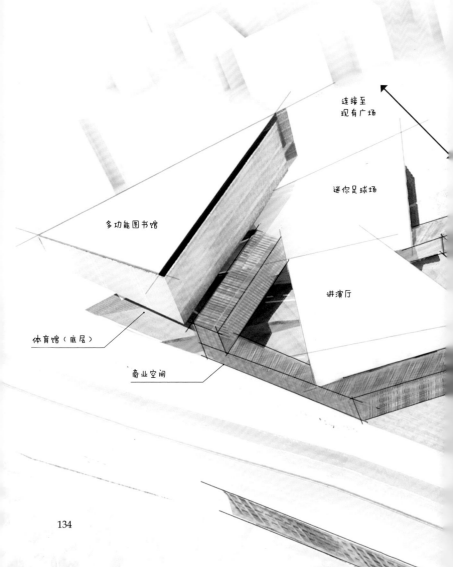

连接至
现有广场

迷你足球场

多功能图书馆

讲演厅

体育馆（底层）

商业空间

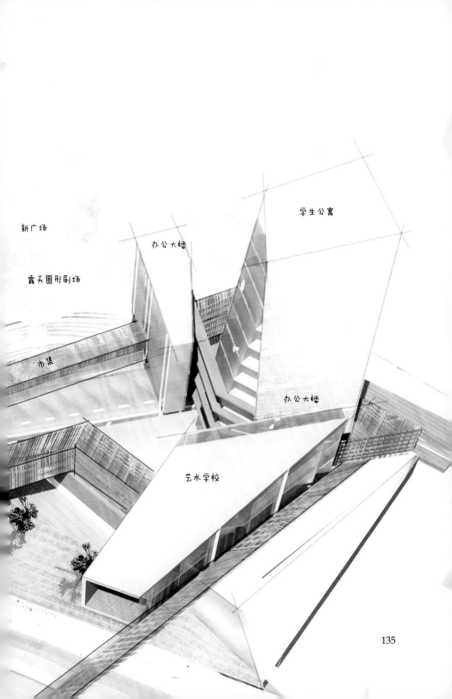

新广场

学生公寓

办公大楼

露天圆形剧场

市集

办公大楼

艺术学校

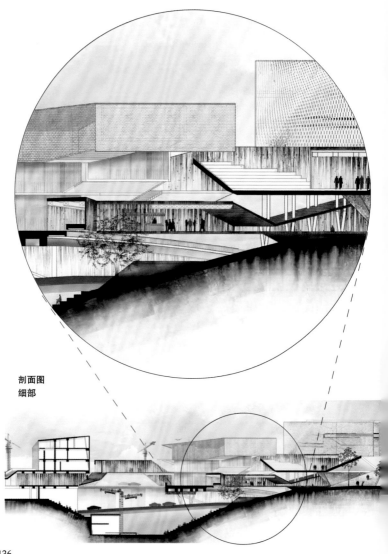

剖面图
细部

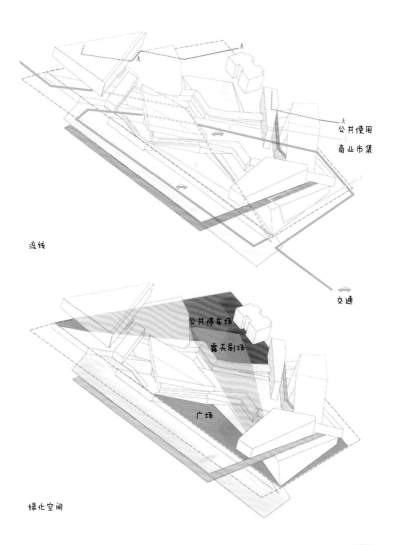

公共使用

商业市集

流线

交通

公共停车场

露天剧场

广场

绿化空间

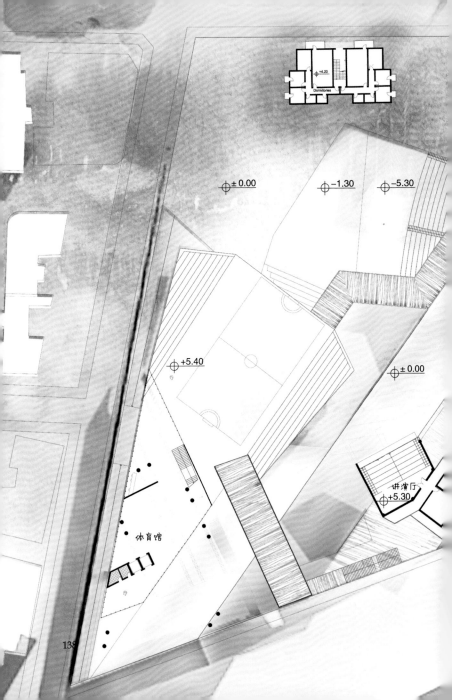

Dormitories
+4.20

±0.00
−1.30
−5.30

+5.40

±0.00

讲演厅
+5.30

体育馆

138

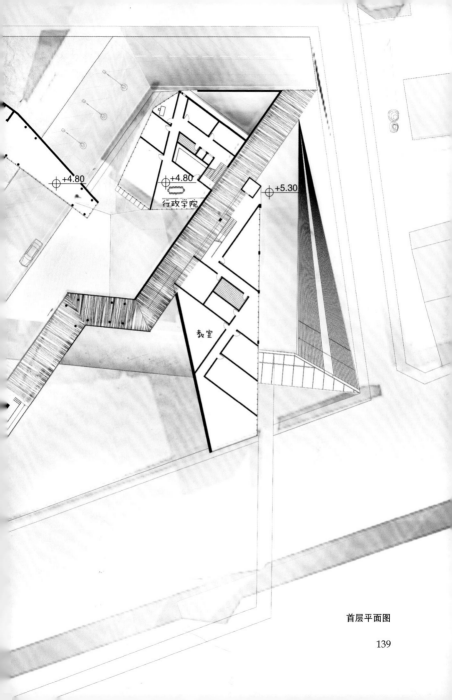

+4.80

+4.80

行政学院

+5.30

教室

首层平面图

139

市集夜景

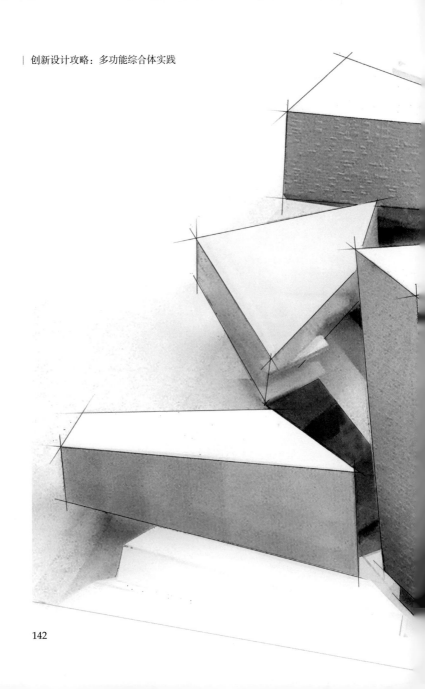

图片版权

前言和第一章
图片版权归作者
第二章
P24：图片源自泰国AP集团
P26，38，39：摄影师：Chrysokona Mavrou
其他图片源自AREA architects
第三章
P42：图片源自雅各布+麦克法兰建筑师事务所，摄影师：Nicolas Borel
其他图片源自Fady Haddad
第四章
P60：图片源自Marc Ryckaert (MJJR)
其他图片源自 Ghinwa Makki 和Leen Shamlati（作者编辑）
第五章
P74：图片源自作者
其他图片源自Sandra Simon 和 Nour Mezher（作者编辑）

第六章
P88：图片源自众建筑
其他图片源自Abi Radi Abou Joseph 和Paul Riachi（作者编辑）
第七章
P104：图片源自BIG建筑事务所，摄影师：Iwan Baan
其他图片源自Jason Hage，Sandra Khoury 和 Sara Saliba（作者编辑）
第八章
P118：图片源自BCQ建筑事务所，摄影师：Ariel Ramirez
其他图片源自Avine Hoteit和 Imad Kazan（作者编辑）
第九章
Page 130：图片源自斯蒂文·霍尔建筑师事务所
其他图片源自 May Khalifeh和Mohm-mad Berry

致谢

感谢LAU和所有学生们的辛勤劳动和付出。

非常感谢所有提供素材公司的慷慨帮助。

译者简介

滕艺梦（Imon Teng）

美国建筑师协会会员，华盛顿哥伦比亚特区注册建筑师，美国绿色建筑专业人员AP BD+C，美国弗吉尼亚大学建筑硕士，东南大学道路桥梁与渡河工程学士。

栗茜（Sherry Li）

ArchiDogs建道筑格CEO&联合创始人，美国绿色建筑专业人员AP BD+C，宾夕法尼亚大学（University of Pennsylvania）景观建筑学硕士，东南大学建筑学硕士及学士。曾就职于美国波士顿Elkus Manfredi Architects建筑设计公司，参与波士顿昆西市场和华盛顿联合车站历史保护规划和建筑改造项目。

特别感谢黄家骏为全书最终核校付出的努力。

翻译团队

黄家骏（Alex Wong）

香港大学建筑系一级荣誉学士，哥伦比亚大学建筑系研究生候选人，曾为 *The Architect's Newspaper*、Arch2O、《南华早报》、《建筑志》、ArchiDogs建道撰文。曾就职于MOS Architects, Solomonoff Architecture Studio, SWA。

ArchiDogs | 建道

由年轻设计师引领的国际化设计新媒体与教育机构，于2015年初由哈佛大学，宾夕法尼亚大学及哥伦比亚大学毕业生共同创建。立足于北美，关注世界建筑、室内、景观、城市设计等学科的教育与实践，受众遍布全球各大建筑院校和建筑公司。建道以线下活动为核心凝聚力，以网络平台为媒体阵地，以实体设计研究所为教育基地，力求传播设计教育，促进学科交流，指南职业发展，推动设计创新。